DATANMI ZHILÜ

大探秘之旅

地球的秘密

DIQIU DE MIMI

知识达人◎编著

成都地图出版社

图书在版编目（CIP）数据

地球的秘密 / 知识达人编著 . — 成都 : 成都地图出版社 , 2017.1　2017.1（2022.5 重印）
（大探秘之旅）
ISBN 978-7-5557-0471-3

Ⅰ . ①地… Ⅱ . ①知… Ⅲ . ①地球－普及读物 Ⅳ . ① P183-49

中国版本图书馆 CIP 核字 (2016) 第 210823 号

大探秘之旅——地球的秘密

责任编辑：吴朝香
封面设计：纸上魔方

出版发行：成都地图出版社
地　　址：成都市龙泉驿区建设路 2 号
邮政编码：610100
电　　话：028－84884826（营销部）
传　　真：028－84884820

印　　刷：三河市人民印务有限公司
（如发现印装质量问题，影响阅读，请与印刷厂商联系调换）

开　　本：710mm × 1000mm　1/16
印　　张：8　　字　　数：160 千字
版　　次：2017 年 1 月第 1 版　　印　　次：2022 年 5 月第 5 次印刷
书　　号：ISBN 978-7-5557-0471-3

定　　价：38.00 元

目录

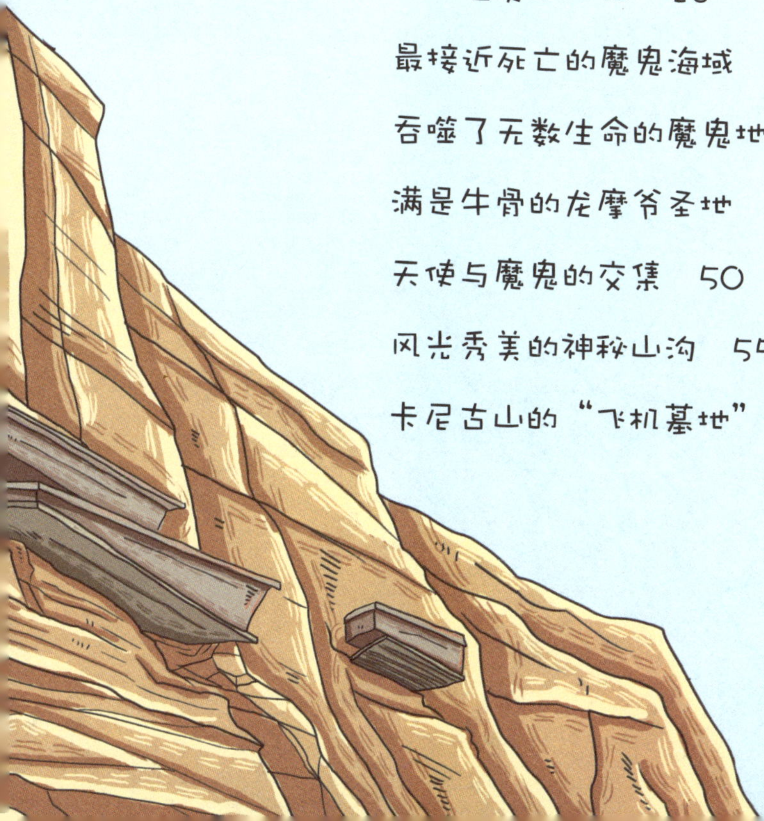

目录

东方的“人间仙境”

“有人说你在远方，你却在每一双眼睛里。有人说你在眼前，你却在梦幻的天际里。你那多彩的容颜，你那多姿的身影，为何如此迷人？为何如此美丽？”

你知道这首歌是赞美什么地方的吗？从歌词中可以看出，它一定是一个非常美丽的人间仙境。大家一定很想知道它是哪里吧？告诉大家，它就是我们所熟知的九寨沟。九寨沟是中国的5A级自然风景区，被人们誉为“梦幻仙境”“美丽的童话世界”“人间天堂”“人间仙境”。

说起九寨沟，那可是大名鼎鼎：它占据“中国旅游胜地四十佳”之首，并且被联合国收录在《世界自然遗产名录》之中。九寨沟的美丽可以算是世界上无与伦比的，说九寨沟是世界上最美丽的地方之一也毫不夸张。

或许大家要问，九寨沟到底美在哪里，独特在哪里呢？用12个字、6个词可以充分地概括出九寨沟的美丽和

独特，通常说九寨沟有“六绝”——翠海、雪峰、蓝冰、叠瀑、彩林、藏情。光听这6个词，我们就可以联想到九寨沟的美丽。事实上，九寨沟的水更具代表性，“海子”代表了九寨沟的水，是九寨沟最具特色、最具代表性的湖泊之一。

水是九寨沟的精灵。九寨沟有各式各样的湖泊数百个，这些湖泊一年四季清澈见底、波光粼粼。不要觉得你见过很多清澈见底、波光粼粼的湖水就小看九寨沟的水，九寨沟的水还有一个独特之处：它是带有“情感”的。

或许你会问，水怎么会有情感呢？这个“情感”并不是大家通常认为的“情感”，而是因为九寨沟的水是五颜六色的，充分体现了水的多姿多彩，所以说九寨沟的水是有“情感”的。大家看过的湖水也有很多了，那你有没有看到过五颜六色的湖水呢？没有吧，那就让我们一起去看看九寨沟五颜六色的水吧。

“五花海”“五彩池”是九寨沟最具代表性的变色湖泊，也是九寨沟最奇特的湖泊。一年中的不同时候，湖水的颜色都

是不同的，并且每天的不同时刻也会呈现出不同的颜色。再就是如果你站在不同的角度去看湖水，也会看到不同的颜色。每个人看到的颜色都是独特的。各种颜色的湖水相互交织，左边玫红，右边鹅黄，这边墨绿，那边却是藏青……五颜六色的颜色相互交织，呈现在人们眼前的仿佛是一块色彩斑斓的美玉，清澈多彩，让人心驰神往。自古就有“九寨归来不看水”的谚语，仔细一琢磨，确实是这个道理。九寨沟的水色彩斑斓，变幻多姿，让人看了之后难以忘怀，难怪人们把它誉为“世界水景之王”，这可真是名副其实的称号。

九寨沟不光自然风光魅力独特，自然资源也是相当丰富。九寨沟拥有世界绝大多数分区内的植物，并且九寨沟的原始森林覆盖率也是相当高，达到了50%以上。另外，九寨沟也有着很多珍稀保护动物，比如大家喜欢的大熊猫。大家都知道大熊猫，却很少有人知道九寨沟是大熊猫的原籍吧。

这里也有被人们称为“高山贵客”的獐以及被人们誉为“猴中美人”的金丝猴。有时你会在这里听到金丝猴的尖叫声，或者是看到它们矫健的身姿——“嗖”的一下子，它就从这棵树跳到了那棵树上。如果你的运气好，你还会看到憨态可掬的大熊猫，别看它们看起来笨重，但是一样是身手矫健。当它发

关于九寨沟

九寨沟因沟内有九个藏族村寨（树正、则查洼、黑角、荷叶、盘亚、亚拉、尖盘、热西、郭都）而得名。九寨沟的居民大多是藏族同胞，所以大家到九寨沟旅游时，一定要注意尊重当地少数民族的风俗和信仰。比如遇到寺庙，必须从左往右绕行；不能用手触摸别人的头顶等等。当然，要是出发前能多看看藏族的风俗习惯和禁忌等，那就最好不过啦！

现你在看它的时候，或许是因为害羞，它会变得安静，但在你一眨眼的功夫，它就已经扭动着肥胖的身躯逃得了无踪迹了。

九寨沟有着美丽动人的风景，有着丰富的资源，有着可爱珍贵的动物，真可谓是人间仙境。想到这些，你心动了吗？

“人间天上，天上九寨”的九寨沟，我来了！

船只怎么都失踪了呢？

大自然是神秘的，虽然众多科学家已经为研究大自然作出了很多努力，但是我们对大自然的了解其实还是很少的。虽然科学家们一直在研究大自然当中发生的很多奇怪的事情，但是有很多到现在为止依旧没有找到答案。

比如，在北大西洋有一个三角区海域，是由美国佛罗里达州南端、百慕大群岛以及美属波多黎各组成的。虽然这里风景秀丽，但是很少有人会来这里旅游，它的名字甚至会让人们在听到之后就会感到毛骨悚然。是的，这就是世界上著名的“百慕大魔鬼三角”。多年来，在这里离奇坠毁的飞机、无故失踪的船只的数量一

直在不断地增加，但是至今为止人们依旧找不到任何原因或者线索。那么，这到底是怎么一回事呢？

百慕大平静的时候风景宜人，蔚蓝的天空呼应着波光粼粼的海水，温暖的海风拂过脸颊，在这里，好似能闻到夹杂着阳光的淡淡海水味。百慕大四季如春，沙鸥翔集。但是，你千万不要被它的平静的假象所迷惑而沉醉在

其中。人们常说：“六月的天，小孩的脸，说变就变。”这句话用来形容百慕大真是再合适不过了。此时看似平静的百慕大已经开始准备下一刻的狂风暴雨，眨眼的工夫这里平静的面纱就会被撕掉，马上就会是电闪雷鸣，狂风暴雨。顷刻间，这里就会从人间天堂会变成魔鬼之地。

迄今为止，百慕大三角已经吞噬了不下数百只船只、飞机，但是，这还不是最吓人的。更令人恐惧的是，搜救人员找不到任何的失事飞机和船只的残骸，也毫无线索，就好像它们凭空消失了一样。也正是因为这个原因，“魔鬼海域”“厄运海”“魔鬼之地”等名词就被加在了百慕大三角的头上，而它也确实没有辜负这些称号。

最为著名的百慕大三角的飞机失踪事件是在1945年12月5日发生的，在此次失踪事件中，不光有5架飞机和14名飞行员失踪，就连前来搜救的飞机和搜救机上面的13名机组人员也一样消失得无影无踪。这一点，实在是让人难以理解。

失踪的5架飞机是“复仇者”鱼雷轰炸机，隶属于美国空军19飞行中队。其中一架飞机是由中队长查尔斯·泰勒上尉驾驶的，那天是他所驾驶的飞机带领其余4架学生机进行日常训练，他们是在飞抵百慕大三角海域巴哈马群岛上空的时候与塔台失去联系的。当时，他们所携带的汽油足够他们持续飞行6个小时，而他们所要进行的空中训练却只有482.8千米。这次飞行看起来好像很容易，但是14名飞行员和5架飞机就这样消失得无影无踪，没有留给我们任何的线索。当时的美国海军耗费了大量的人力物力，却无法找到任何有关于他们的线索。

同样的事件早在1502年也发生过。这次事件的主人公就是航海家哥伦布。想必大家对哥伦布这个名字都不陌生吧。当时哥伦布的船只航行到百慕大的时候，原本平静的海面顷刻间变得波涛汹涌，晴朗的天空瞬间刮起了狂风暴雨，整个海面呈现出一种可怕的状态：十几米的巨浪，狂躁的海风，硕大的雨点无情地摧残着哥伦布的船只。

此时哥伦布发现自己船上所有的导航设备都失灵了，就连最好用的罗盘也停留在西北方向不再转动。整个船只笼罩在恐

怖当中，船上的船员不断地向上帝祈祷。他们一直就这样子随波漂流了七八天，也心惊胆战了七八天。最后，他们幸运地躲过了这场灾难。

其实，不光是前面提到的这两个事件，著名的美国游轮“玛丽·凯思”号、法国的帆船“洛查理”号、古巴货船“鲁比康”号等，都是在百慕大失踪遇难的。最让人感到奇怪的是，经过百慕大的船只以及船只上的所有物品都毫发无

损，唯独没有人的踪迹，成为了空船。这里面究竟是什么在作怪？为什么会出现这种状况呢？究竟是什么力量在控制着这一切？这些答案都有待揭晓。因为一系列的神秘事件，百慕大也成为了全世界最难解决的一个未知之谜。

人们对于百慕大三角地区的探索一直都没有停止，也提出了很多猜想。有的人认为是外星人所为，因为那里是外星人的海底基地；也有人说那里存在着另外一个空间，失事的船只飞机是因为进入到了另外一个空间维

百慕大三角

百慕大三角位于北大西洋的马尾藻海，是由英属百慕大群岛、美属波多黎各和美国佛罗里达州南端所形成的三角区海域，它的面积约为390万平方千米，这里经常会发生一些超自然现象。

度；还有的说法就是海底下有更高智慧的生物存在，他们控制着百慕大三角地区；有的人从科学的角度解释说这是因为百慕大三角地区磁场异常或者说是有洋底空洞；甚至有的人提出了水桥说以及黑洞说。反正大家是众说纷纭，至今也没有人能够提出一个让人信服的说法。百慕大三角隐藏的秘密有待于进一步的科学验证，相信随着科学的不断发展，总有一天人们会揭开百慕大三角神秘的面纱。

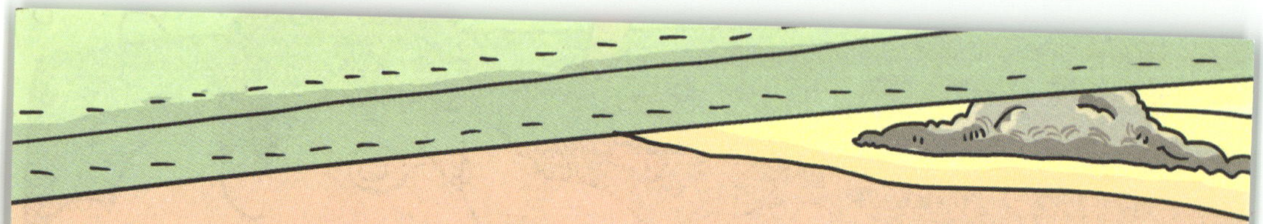

人类的天堂，动物的墓场

意大利有一个地方，在世界最著名的七大恐怖区中排行第五，发生在这个地方的现象让人匪夷所思。那到底是什么现象呢？这个地方被人们称作“人类的天堂”，因为这里风景秀丽，十分适合人类居住。但是令人奇怪的是，这里又被称作“动物的墓场”，因为在这里，无缘无故死去的动物数以万计。

看到这里，也许你会好奇，这到底是什么地方呢？它就是“死亡谷”，位于意大利那不勒斯和瓦维尔诺附近，既是“人类的天堂”，又是“动物的墓场”。

“死亡谷”的风景很美丽，但是让人感到恐惧的就是，在这个谷地里，每年都有3万多只动物无缘无故地死去。

要是它们是死于被人类杀害，或者是死于互相厮杀，也就算不上恐怖了。事实上，它们都是无缘无故死去的，找不到任何的原因，得不到任何的解释。一直以来，在这里生活的各种各样的动物都无法摆脱突然死去的噩梦。

每天清晨，待在山谷中享受着清爽的新鲜空气，欣赏着眼前的景色，但是这里没有所谓的鸟语花香，也没有动物的欢歌笑语，有的只是偶然间出现的动物惨叫声。在那一片寂静中，突然传来几声动物的惨叫，光是想一想就让人不寒而栗，更不要说去亲身体验了。让人惊奇的是，听到动物的惨叫声的人们跑过去之后，却发现什么都没有，只有死去的动物。只见动物尸体遍布血迹，

表情很是恐惧，除此以外空无一物，没有任何蛛丝马迹。根据科学家的调查统计，在山谷中死去的动物将近百种，鸟类几十种，爬行类19种，哺乳动物也有将近十种，这到底是怎么一回事呢？

到底是谁对这些动物下毒手呢？为何每年无缘无故死去这么多的动物？这些问题至今没有定论，只有人们的推断。有的人认为动物的死跟这个山谷中的空气有关，认为山谷中存在着毒气。但是这地方经过专家测试，发现空气很新鲜，这个存在毒气的原因也就排除了。

为什么人在这里就没有事，动物在这里就会意外地死去呢？即使科学家对这里进行了详细的调查研究，但是依旧没有发现任何线索来解开这个谜团。一边是风光秀丽，一边是白骨累累，这到底是怎样的一个谷地啊？其中的原因还需要科学的进一步研究。

地球上的月亮景观

在夏季，如果是月亮很圆很大的晚上，我们可以看到有一些很奇特又很梦幻的图案出现在月亮上，我国古代的吴刚伐桂、嫦娥奔月、玉兔捣药等传说就是由此而来的。实际上，形成这些图案的原因只是因为月球表面是凹凸不平的。在月球上有一些环形的小山，就好像我们在地球上见到的火山口那样，二者的区别是环形山在月球上随处可见，但地球上由于火山喷发而留下的环形山却不多。即便如此，也不要失望，有一个地方能让我们在地球上就看到月球上的景观，那个地方叫作“万烟谷”。

在卡特迈火山西北十几千米的地方就是万烟谷的所在，它长约10千米，宽8千米。由于处在环太平洋火山地震带内，万烟谷地震频发。不仅如此，火山也很多，这个近1450平方千米的火山区就如同是一个巨大的蒸汽浴场，到处布满了

喷气孔，时时刻刻都在喷发炽热的气体。炽热的蒸汽和火山的巨大烟柱交织在一起，笼罩在整个山谷上空。在这些烟雾里，时不时还会夹杂着同样炽热但颜色鲜红的烟云，这也就是“万烟谷”名字的由来。

为什么这里会形成这种奇特的景观呢？这还得归功于美国阿拉斯加的卡特迈火山，或者说，是卡特迈火山成就了万烟谷，没有卡特迈火山，就不会有万烟谷。

1912年的6月6日，阿拉斯加半岛发生了大地震，卡特迈火山就在此时喷发，温度极高的火山喷出物喷向空中，岩浆坠落，山谷中的生物顷刻间就被烧焦了，化成了烟尘。整整5天时间，一共喷出了29立方千米的火山喷出物，接近200米的火山灰把山谷覆盖得很厚。最终，山顶因为承受不了火山的能量而被炸毁，发生了坍塌，形成了一个长为4.8千米，宽为3.2千米的火口湖。

此外，诺瓦拉普塔火山是在和它相距不到10千米的地方生成的另一座火山。更为重要的是，有成千上万个喷气孔和烟柱在火山灰堆积的山谷里形成，尤其是那些火山灰堆积薄弱的地方最多，一个挨着一个，有1000多米长，地下的炽热气体就从这些喷气孔不断喷出，构成一个个非常巨大的气体柱子，最高的有350米那么高。这些气柱的形态也很特别，阳光照在气柱上，会折射出光彩夺目的颜色，场面异常宏伟壮观。有的气柱又浓又厚，就好像是蘑菇

云，有时候又隐隐约约可见，也有一些气柱滚动着黑色浓烟。在这些烟雾的氤氲之下，山谷充满了神秘的气息。

4年之后，这些烟柱似乎还是很活跃，最高的依然还有四五十米那么高，温度也可以达到649℃。随着时间的推移，火山的活跃程度慢慢地减弱了，虽然还有12个喷气孔依然在喷出气体，但是威力已经变得很小了。在一些喷气孔的四周出现了苔藓和藻类生物，还会有动物，如熊、鹿等在这里嬉戏。只不过还没有生物会在这里定居，因为难以预料这些喷气孔何时会喷出烟雾，假如被这些高温的烟雾煮熟了会很惨。

“万烟谷”在1918年被开发成为卡特迈的风景名胜，并且还为美国的登月计划贡献了力量。在20世纪60年代，万烟谷还是一片满目疮痍的景象时，美国人就把它假想为月球表面，在这里训练宇航员，因此，万烟谷还有另一个名称叫“地球上的月面”。如果你认为万烟谷只有奇特的地貌和喷出的彩色烟雾，那就错了，万烟谷最奇特的地方是它时刻都在改变着它的样子。

有的科学考察队试图在这里找到烟雾笼罩和卡特迈火

山再次爆发这二者之间的联系，但由于每次从这里采集的数据都不相同而失败了。万烟谷的地貌时时刻刻都在发生着改变，就连每一个气孔都在变化，毫无规律可循。也就是说，上一分钟它还在激烈地喷发，下一分钟就会静静地沐浴阳光，有时候还像个孩子一

样，本来还在喷烟，转眼间便找不到踪迹了，或者看似是一块平坦的地面，不知不觉间就充满了气孔，像一块蜂窝煤一样。

人们不断地探索，想要看清万烟谷地下那个神秘世界的真面目，却总是找不到方法，虽然人们已经知道万烟谷的形成和卡特迈火山的爆发有关，但为何千百年过去了它还被烟雾笼罩着，这还是个谜。

一切生灵的地狱

世界上一共有5个死亡谷，它们分布在美国、俄罗斯、中国、意大利和印度尼西亚。前面的文章中已经介绍了意大利的死亡谷，现在我们去看看位于俄罗斯勘察加岛上的死亡谷，它大概有2千米长，100到300米宽，地势崎岖。在这里，到处都可以发现那些露出地面的天然硫磺，以及一些野兽的尸骨。

意大利的死亡谷风景如画，空气清新，但俄罗斯的死亡谷光一看就让人恐惧。山谷里是不毛之

地，随处可见狼、熊等野兽的尸体，时不时还能看到一些死鸟的羽毛在空中飞舞。

与意大利的死亡谷不同，俄罗斯的死亡谷不仅是对动物而言，这里也是人类的死亡谷。如果人不小心走进这个山谷，就很难活着走出来。据说，死亡谷附近的一个孩子在离山谷不远的山上采果子的时候，看到了一只美丽的鸟儿。为了捉住这只鸟，他跟着鸟进了山谷，但是这一

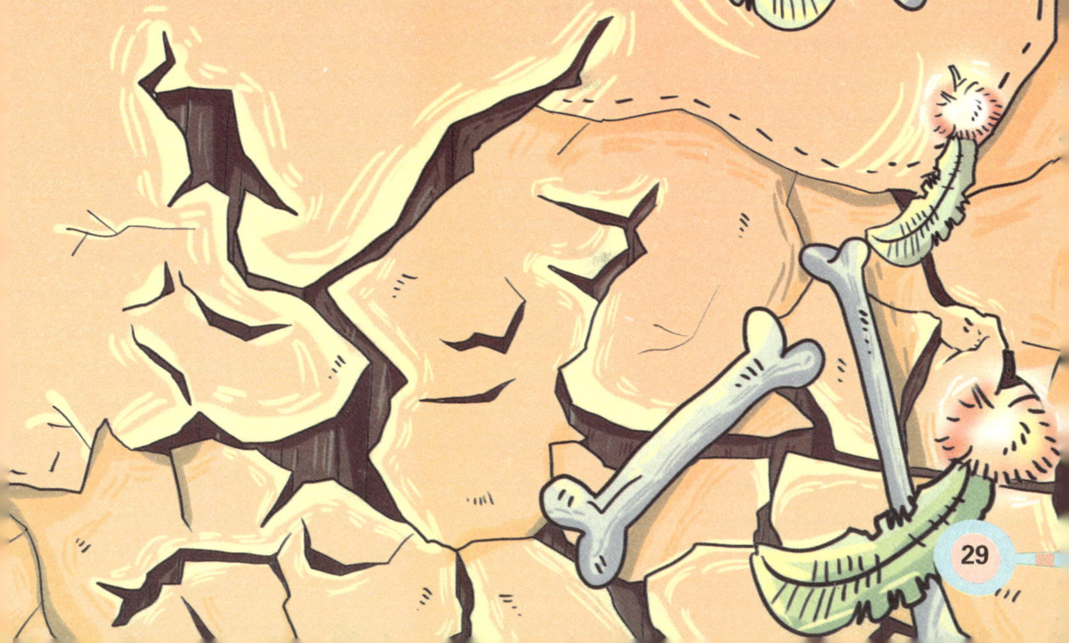

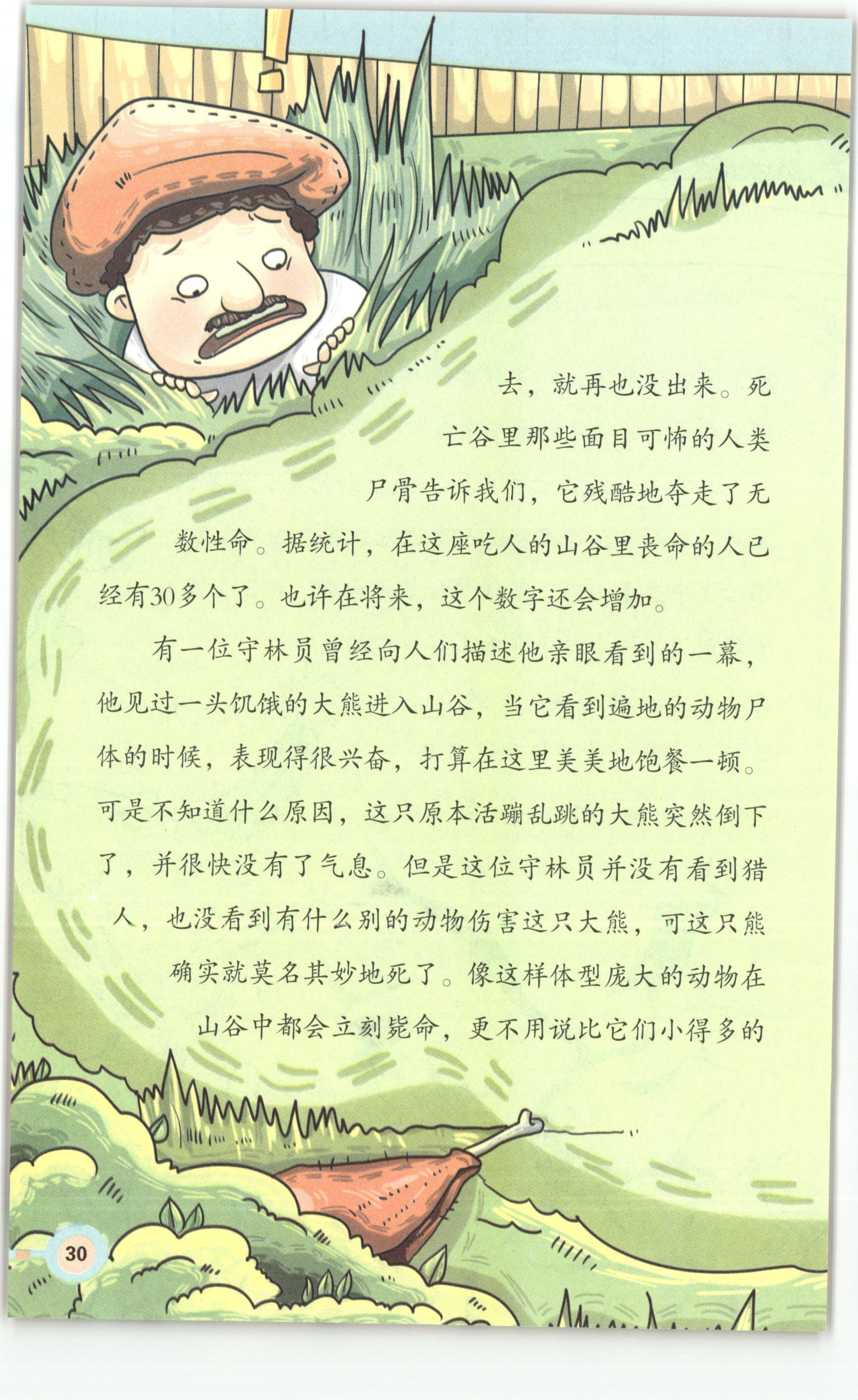

去，就再也没出来。死亡谷里那些面目可怖的人类尸骨告诉我们，它残酷地夺走了无数性命。据统计，在这座吃人的山谷里丧命的人已经有30多个了。也许在将来，这个数字还会增加。

有一位守林员曾经向人们描述他亲眼看到的一幕，他见过一头饥饿的大熊进入山谷，当它看到遍地的动物尸体的时候，表现得很兴奋，打算在这里美美地饱餐一顿。可是不知道什么原因，这只原本活蹦乱跳的大熊突然倒下了，并很快没有了气息。但是这位守林员并没有看到猎人，也没看到有什么别的动物伤害这只大熊，可这只熊确实就莫名其妙地死了。像这样体型庞大的动物在山谷中都会立刻毙命，更不用说比它们小得多的人类了。

科学家从那些露出地面的硫磺来探究，想弄明白为何在死亡谷会有这样神奇的现象出现。据他们介绍，硫磺让含量很高的硫化氢和二氧化碳气体在山谷里聚集，这些气体会导致氧气缺失，让人和动物窒息而亡。

但是另有一些科学家提出了另外的观点，他们觉得，这些气体大部分是有毒气体，并且毒性很强。可是，假如这些气体有毒，那为何离死亡谷不远的村庄安然无恙，况

且两地之间并没有树林和山峦作为隔离屏障。

也许是这里的硫磺的原因，也许是其他原因。但是由于进入谷中的人都已经死去了，所以没人能够解释明白。也许那些白骨可能知道真相，但他们已经不可能告诉我们答案了。

最接近死亡的魔鬼海域

百慕大三角是片魔鬼海域，让人惊心动魄，不过很多人并不会特别害怕它，毕竟那里离我们很遥远，有些人也许一辈子都不会去那里。但是，你知道吗，在我们身边也有这样一片海域，它比百慕大三角海域还难被人们所了解，它被称为世界上最接近死亡、最神秘的海域。

日本龙三角位于东经142度、北纬25度，那是一片蓝色的大海。不管从什么角度去看，它都和一般的海水没什么两样。

可是，只要是从这里经过的船只都会无缘无故地沉没，更不要说潜艇了，只要是到了那里，必定是有去无回。这里似乎住着一位人们看不见的魔鬼，在人们毫无防备的时候出来作乱。

二战后期，美军派遣第三十八航母特遣队突袭日本，百战百胜、意气风发的美军当时并没有意识到，他们即将面临的是一场灭顶之灾。当他们进入日本龙三角地带时，遭到了海浪的袭击，海浪高达18米。他们在毫无防备的情况下领略到了龙三角的可怕威力。受到风浪

的打击，16艘舰船不再完整，千疮百孔，200多架飞机也从航母上被海浪卷入大海，765名美军坠入深海，这也成为美国海军有史以来最严重的非战斗性伤亡遭遇。

在1980年，巨轮德拜夏尔号满载铁矿驶进了日本龙三角，这是一艘性能很好的轮船。一开始，海面风平浪静，巨轮稳稳地前行。突然之间，狂风肆虐，波涛汹涌，德拜夏尔号在飓风中消失。船上的人还来不及反应，船长只说

了他们正和每小时100千米的狂风与9米高的巨浪搏斗这样一句话，还来不及发出求救信号，德拜夏尔号就已经消失了，再也没有出现过。

龙三角地区到底有一股什么样的神秘力量，它为什么时而风平浪静，时而汹涌澎湃？难不成还真有所谓的外星人基地、海底黑洞、异常磁场亦或者是巨型怪兽？至今人们还没有找到原因，而日本龙三角也在人们一传十十传百的口口相传中变得更加神秘，更加难以捉摸。

相传在当年德拜夏尔号遇难时，随船的苏联教授曾看到过圆筒状的物体，发着蓝色的光芒冲出海面，温度极

高，所有接近它的东西都被烧焦了。虽然它出现的时间非常短暂，可是它的破坏力相当大。这位教授认为，那个神秘的蓝色物体在地球上是绝对不存在的。

在《龙三角》中，作家伯利兹曾经讲述了一个龙三角地带无人驾驶的幽灵船的故事。他介绍说，在1881年，英国的乔治王子在海上航行时与传闻中的幽灵船相遇了，这艘船发着奇异的磷光，但是船上没有人，乔治王子把这艘船叫作“飞翔荷兰人”。

这种神秘的幽灵船是否真的存在？或许从那些失事的船只和飞机残骸上可以找到答案。可是，那些残骸也已经消失得不留任何痕迹了，就像从来没有存在过。即便人们已经有过几次探究，可每次都是以失败告终。

日本的渔民真可谓谈龙三角而色变，可是，不知道什么原因，这片海域的鱼类资源却偏偏异常丰富。因此，为了多捕一些鱼，不少渔民还是会去冒险，他们常常会和海上的风浪搏斗。还有一些科学考察队企图一探其中的真相，常会出没于龙三角地区。正是因为有这么多人敢于到龙三角海域，才让它有更多机会夺取人们的性命，血债累累。

吞噬了无数生命的魔鬼地带

看完了上面那可怕的龙三角海域，大家是不是在害怕的时候还会有些庆幸：幸好我不住在这片海域附近。事实上，可怕而神秘的魔爪不但在海上出现，在我国，碧波万顷的鄱阳湖里也有这样的“恶魔”，尤其是老爷庙三角地带，经常会掀起巨浪，卷走不计其数的人。

1945年4月16日这天，一艘装载着2000多吨货物的性能良好的日本船只从这里经过，打算把从中国掠夺的数以万计的珍宝运回日本。可是，这艘船在驶到老爷庙附近的时候，突然沉没了，船上的200多人无一幸存。船只遇难后，日本曾经派遣了救援队前来搜救。可是令人费解的是，救援队多方搜救之后，只找到了山下堤昭一

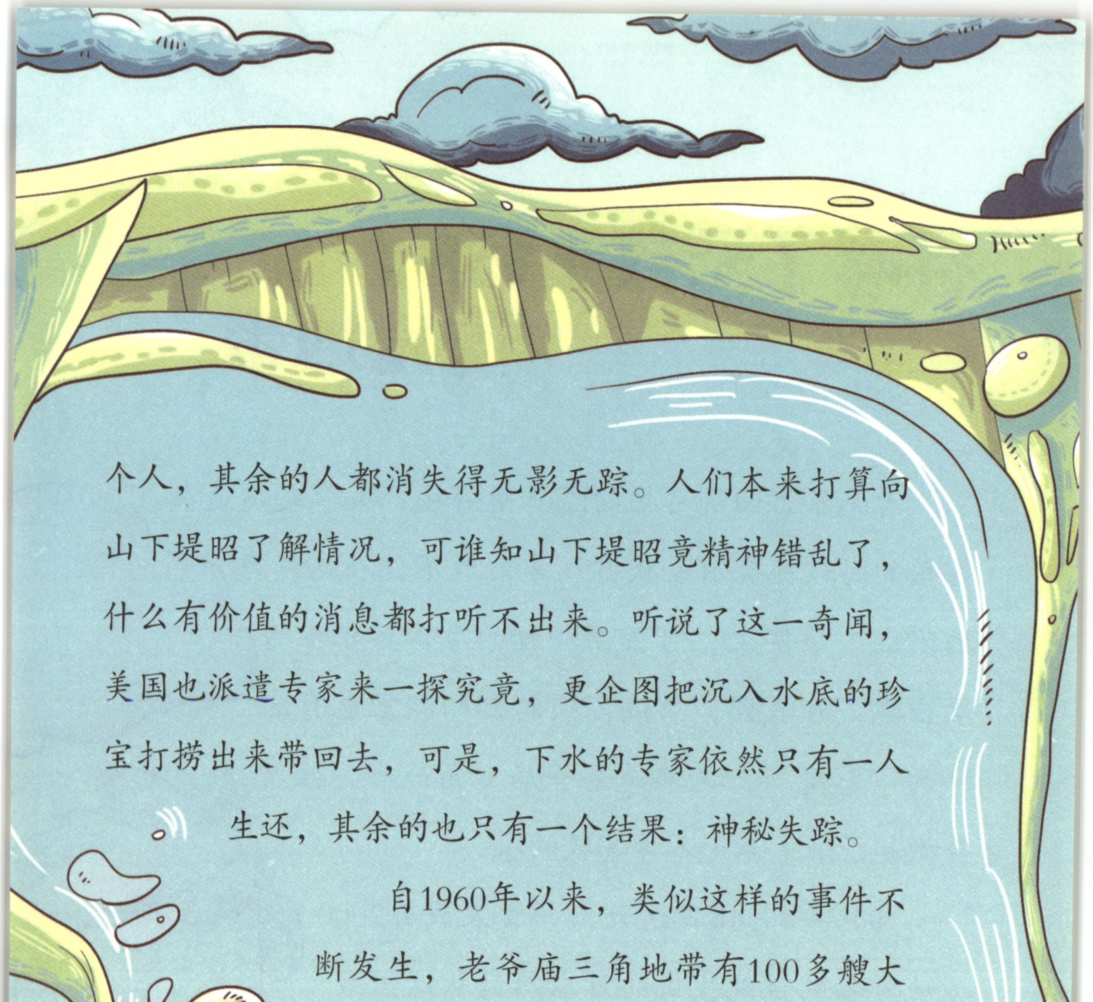

个人，其余的人都消失得无影无踪。人们本来打算向山下堤昭了解情况，可谁知山下堤昭竟精神错乱了，什么有价值的消息都打听不出来。听说了这一奇闻，美国也派遣专家来一探究竟，更企图把沉入水底的珍宝打捞出来带回去，可是，下水的专家依然只有一人生还，其余的也只有一个结果：神秘失踪。

自1960年以来，类似这样的事件不断发生，老爷庙三角地带有100多艘大大小小的船只被掀翻，几十位船员葬身湖底。

20世纪60年代初，在众人送行的目光中，一条渔船猝不及防地沉入水底。

1985年3月15日，在距老爷庙3000米的水面上，一艘装载了25吨货物的船只在朝霞中沉没。

1985年8月3日，就在这片水域内，有十几条船在同一天内消失。

1986年3月15日，原本平静如镜的水面瞬间恶浪翻滚，狂风呼啸，一艘载重20吨的机动船转眼间就被吞没。

连小孩子都知道湖水是平静的，可是，为何我

国第一大淡水湖鄱阳湖会有巨浪出现？那些神秘消失的人又去了哪里？

鄱阳湖

鄱阳湖是中国第一大淡水湖，也是中国第二大湖。鄱阳湖的平均水深有8.4米，最深的地方达30米。不过由于各种原因，鄱阳湖的水深也是大起大落，严重影响鱼类的繁殖。

满是牛骨的龙摩爷圣地

在云南西盟佤族自治县勐梭镇，有一个神潭叫勐梭龙潭，附近有一处叫龙摩爷的地方堆满了牛骨。

实际上，勐梭龙潭是一个湖，非常漂亮，它背靠陡峭的悬崖，悬崖的身影倒映在水面上，让此处显得更加的古老和怪异。此外，勐梭龙潭的另外三个面被郁郁葱葱的原始森林包围着。相思红豆、大茶树和珍贵罕见的动物在这里生长，那碧波万顷的湖面最为引人着迷，时常也引来白鹤、野鸭等光临。

相传，龙潭的三面都被茂密的树林包围着，但是在湖面上，你却看不到一片落叶。这源于一个美丽的传说，相传有一个小女孩变身为一只小鸟，她很喜欢这片美丽的湖，静静地守护在湖边，每当落叶飘下，她马上飞去把树叶叼走，不让它打破平静的湖面。

而且，这里还盛传，在一年365天中，确实有362天，湖面都清澈得一尘不染，剩下的三天会比较污浊。据传，在若干年之前，这里还只是一个小村庄。有一天，村庄的水井里不知从哪里来了一条大鲤鱼，村民们看到它长得肥硕，就将它捕上来煮了吃了，唯独一个寡妇和她的孩子没有吃。第二天，村子被洪水淹没，所有人都在这场灾难中丧命，只有寡妇和她的孩子幸存下来。原来，那条鲤鱼是龙王的女儿，她出来玩耍却被村民杀死了，龙王一生气就摧毁了村庄，湖水浑浊的三天是因为龙王在生气。

也有人这样解释，说勐梭龙潭和缅甸的绣球龙潭是夫妻，两个龙潭的水是相通的，涨水时会一起涨一起落，水清和浑浊也是同时出现的，他们每年团聚的三天日子里，水

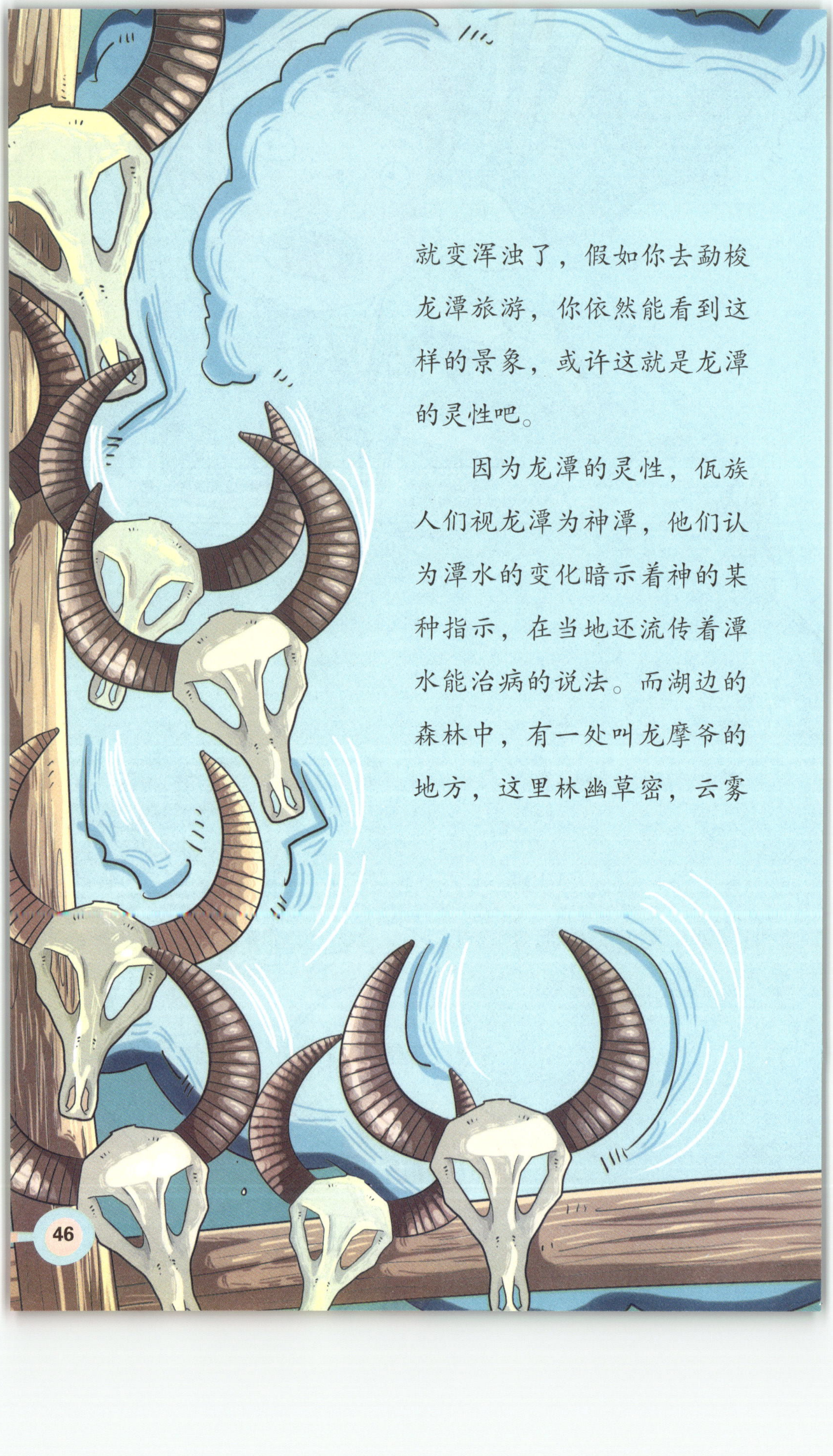

就变浑浊了，假如你去勐梭龙潭旅游，你依然能看到这样的景象，或许这就是龙潭的灵性吧。

因为龙潭的灵性，佤族人们视龙潭为神潭，他们认为潭水的变化暗示着神的某种指示，在当地还流传着潭水能治病的说法。而湖边的森林中，有一处叫龙摩爷的地方，这里林幽草密，云雾缭绕，幽深的谷底树稍和悬崖峭壁上悬挂着无数水牛头骨，在过去，佤族人每逢大事，就会在这里祭祀，日积月累，这里已经供奉有3000多个牛头骨了。走入龙摩爷，映入眼帘的都是千姿百态极具震撼的牛头，无疑给这里增添了神秘的色彩。

天使与魔鬼的交集

说起天使，你头脑中大概会联想到那个长着翅膀、头顶有个光圈的可爱小孩，或者说就是“安琪儿”。一般看来，安琪儿是美好的象征，但是在美国，人们却不这么想。因为在美国，提起“安琪儿森林”，人们会把它和万恶的魔鬼联系到一起。

在美国的加州，有一个安琪儿森林，那里虽然风景极美，可美国人却很

厌恶它。在中国，我们教育小孩子时，会吓唬说如果再调皮就让怪物把他带走，美国的“安琪儿森林”就和中国的“妖怪”和“狼外婆”差不多，传说中都是会把小孩子拐走的，因此也被称为“拐孩林”。

大家一定会很好奇，为什么森林也会拐走孩子呢？

我们来看几桩发生过的事件。在1957年3月的一天，8岁的汤姆和几个兄弟姐妹与父亲一起在安琪儿森林里散步，一家人很幸福。可是，生性调皮的汤姆觉得和大人一起散步很无聊，就在最前面跑着，边跑还边取笑弟弟妹妹很慢，大家都很开心。但是就在众人一不留神中，汤姆就消失不见了。

刚开始，爸爸还以为淘气的汤姆是在和大家玩躲猫猫，可是过了很久，汤姆还是没有出现，爸爸这才反应过来，汤姆失踪了！爸爸立刻报警，在警察和数百名志愿者经过地毯式搜寻之后还是没有找到一丝线索，小汤姆就这样失踪了，再也没有找到。

8岁的汤姆已经能够自己找到回家的路，况且他们散步的安琪儿森林离他家并不远，只有数十米，但为何他就这样凭空消失了呢？自那以后，说起安琪儿森林，人们都会把

它称作“拐孩林”。

这件事情还没有过去多久，又有另外两个孩子也在这里失踪了，他们一个叫贝克，一个叫黑威尔。1960年的7月，一个叫克洛曼的小孩又这样离奇失踪。短短几年时间，有很多汤姆这个年纪的孩子在安琪儿森林失踪，都没有找到线索，这是为什么呢？

有人猜测，或许在这片森林里有类似时空裂缝的秘密基地，这些小孩子不小心进入了这个通道，消失在现实世界中，可是，至今没有得到比较科学合理的答案。孩子们要努力学习，将来为我们解答这样的谜团。

安琪儿森林

安琪儿森林位于美国加利福尼亚州，虽然中国人知道它的不多，但是它在美国家喻户晓，有很多小孩子都在这里消失了。

风光秀美的神秘山沟

我国地大物博，自然也会存在一些神秘的角落。除了我们知道的神秘鄱阳湖老爷庙水域之外，还有个地方也很神秘，那就是被誉为“中国的百慕大”的四川小凉山。在那里有一个神奇的小山沟，不仅风光宜人，更充满了奇异的鸟兽。有一种说法，凡地处北纬30度的地区都会有着一股很神奇的力量，而这条小山沟恰恰也位于北纬30度，是一条充满魔力的小沟。

这就是著名的“黑竹沟”，相传这里有野人存在，还有一种有两个头的野兽和史前的恐龙，连吃竹子的熊猫在这里也不吃竹子，而要

吃羊，可见这里的动物比较反常。当地人把这里叫作“斯豁”，也就是死亡谷的意思，因为只要提起这个地方，就会给人一种芒刺在背的感觉。

黑竹沟风景秀丽，那种湖光山色给人一种远离尘世、典雅古朴的气息，根本不会让你把它和死亡挂钩。可是，如果你走进黑竹沟，那茫茫的大雾会让你倍感恐惧。那里时时刻刻都大雾弥漫，清晨的雾气是紫色的，将整个山沟笼罩，让你不敢轻易上前。到了黄昏，变幻莫测的烟雾若隐若现，像是充满了魔力，令人生畏。传说，黑竹沟已经发生过无数次人畜失踪的事件，因为这里

的山神很厉害，假如你在黑竹沟大声喊叫，山神会生气，然后放出青烟把你吞没。

于是，中央电视台《走进科学》栏目对黑竹沟进行了探究，想解开这个谜。他们把4只精选的信鸽在黑竹沟入口处放飞，可是等待了7天也没有一只信鸽飞出来，它们也消失了，是什么原因呢？那可是精心挑选出来的信鸽啊，方向感

很好，可还是没有飞出山沟，难道它们被什么魔力控制住了？

摄制组在对这里进行精细考察之后，发现了一个重要情况，那就是这里的磁场出现了异常，不仅指南针会摆动失灵，连时钟手表在这里都会停止走动，罗盘也没办法读出数据。我们都知道，信鸽判断方位本来靠的就是地磁，是这里地磁的干扰让信鸽的方向感受到破坏，以至于会失踪在里面。

黑竹沟

黑竹沟位于四川省乐山市峨边彝族自治县境内，面积约为180平方千米，有着独特的景观，被誉为“中国百慕大”，也被称为南林区的“魔鬼三角洲”。2000年2月22日，黑竹沟被国家林业局批准为国家级森林公园。

不过，那里的人们对这样的解释并不是很认同，他们的理由是，假如信鸽靠磁场判断方向失踪，那猎狗的失踪要怎么解释？它们并不是靠磁场来判断方向啊。所以，目前为止，这个问题仍然还是一个谜，失踪的人和动物都到哪里去了？或许除了他们自己没人会知道。

卡尼古山的“飞机墓地”

当你在大海边吹着海风，看着无边无际的蓝色海水，你会想到什么？我们知道，海洋面积占据了整个地球面积的2/3，人类长期在陆地上生活，海洋对我们来说就充满了神秘感，尤其是在百慕大、日本龙三角海域等地区发生了一些离奇诡异的事情之后，那些像魔鬼一样的地域更是让我们对其充满了恐惧。

在地中海和北岸的卡尼古山山谷的中心地区，被誉为“死亡黑三角”。不过，除了海洋会有如此大的杀伤力之外，北部的卡尼古山山区也是一个令人闻风丧胆的地方，无数架飞机在这里失事之

后，这里便成为飞机的禁区，也是因此被誉为“飞机墓地”。

卡尼古山属于法国比利牛斯山东部的一座由大理岩构成的山峰，当海水拍打在陡峭的悬崖上，浪花翻腾着，就好像是要悼念那些死去的人们。那些飞机途经这里时，就好像是醉酒的人一样天旋地转，接着就撞上了悬崖，留下一堆残骸。

下面我们来看一组数据。1945年3月，英国的解放式飞机在此失事，飞机上的5个人全部遇难；1950

，死了3个人，其
的阿特拉斯式飞机
一架C-47式飞机也
7月，一架法国的
人；1958年9月，一
人；1961年6月，
上有一支篮球队，
架载有37人的英国
963年1月，一架载
月，一架英国海盗
还有1967年6月，
88个人遇难。
现，只有1967年6
余的都是在法国境
的飞机最多，死亡
行员都不乐意从卡
，不得不从这里经
绕道。即便如此，

飞机只要靠近这里，仪表盘和无线电还是会受到影响，严重的仪器还会失灵。如果这时候飞行员惊慌失措，精力不够集中，就很容易发生事故。

人们想要解开为何这个地区会有这种魔力的谜团，就必须进一步探究。他们询问了卡斯特尔村的村民，他们的回答让人瞠目结舌。

，有一个叫博尔达斯的教授曾经在村子外
高的人。这个人很奇怪，有着一头白色
正装，是灰色的，但看上去还很合身，怪
上没有纽扣，也找不到衣服拼接缝合的线
牛奶，却从来不和人讲话，只是不停地在

村子外面来回地走，突然间就消失了，一不留神他又出现了。后来很多村民都遇到过他，但他从来不讲话，他的来历是个谜。所以，有人认为他是外星人，或许还有很多和他一样的外星人，而这些外星人正是造成这里飞机失事的凶手。

说法不可信，可是
仍然还是一个谜，
来解开这个谜团的

阴森恐怖的尼奥斯“杀人湖”

湖水可以作为毒药杀人，这样的事情大概只有在小说里面会出现吧。可是，在非洲喀麦隆北部就的确有这样一个湖，它就是尼奥斯湖。有一天，湖水突然就散发出一阵刺鼻的难闻气味，顷刻间，周围的人畜都遭了殃，2000多人和6000多牲畜中毒身亡，还有一些幸存下来的人都染上了怪病。事发突然，大家都还没有意识到发生了什么，他们陷入了恐慌之中。

尼奥斯湖的水非常地干净清凉，周围环境优美，它就像一个青春的少女静

静地躺在绿荫中。多少年来，它守护
在这里安居乐业。可是，1986年8月2
惊雷般的巨响打破了往日的宁静，湖
而出，形成一股巨大的水柱。紧接着
一样，汹涌澎湃地翻腾着，滚滚热气
股烟云从湖面升起，很快向附近的村

霎时间，
死寂的湖面不
鲜血一样，湖
这些烟到达的
无生气，它就
一切。绿绿的
勃的动物和人
员赶到时，每
样的安静，死

度扭曲，在他们的嘴里和鼻孔里还有未干的血块，他们的手指蜷曲着，没有人知道他们遇难前看到了什么，经历了什么，他们死亡前的一瞬间一定非常痛苦。可不得不承认的是，曾被他们视为天堂的宝地此时已经面目可憎，变成了人间地狱。

尼奥斯湖为何会突然翻江倒海地咆哮？为何会有雾气升起？那些死去的人畜是否就是被这些雾气毒死的呢？

尼奥斯湖原本是一个休眠火山口，很久没有喷发了，经过长年的积水，它形成了一个火山湖。在1986年8月21日，这座沉睡的火山再次醒过来，剧烈的地下活动使带着含有氰化氢和一些衍生物的有毒气体

从地下涌上来。你知道吗？我们只要吸入很少量的氰化氢就会呼吸不畅，全身麻痹，甚至会窒息。而那天从尼奥斯湖喷出了大量的氰化氢，以至于死了那么多的人畜，甚至连植物都枯萎了。30年过去了，如今的尼奥斯湖又平静如前，仍然很美地流淌在帕梅塔高原上。

后来，经过科学家们研究，发现尼奥斯湖底部有大量的二氧化碳气体存在。在气体的密度不断增加时，一场地震就会导致其喷发和爆炸。那天夜里，已经溶解在水里的几千万立方米的二氧化碳从水里脱离，这是一种自然现象，叫作“脱气”或者是“湖泊喷发”。二氧化碳的重量大于空气，会沉在地表，还会像云彩一样移动到山谷，它们会紧紧缠住人畜，造成人畜缺氧而死，严重的会使远离

尼奥斯湖27千米之外的空气中二氧化碳含量也很高。如今，有专家借助虹吸装置把湖水中的有毒气体抽取和释放，有效地控制住了这些有害气体的浓度，预防气体密度过高引起喷发。

可是，为何湖水的颜色会变得和鲜血一样红呢？通过研究发现，在湖底有浓度极高的碳酸盐和碳酸铁矿物，也就是我们说的菱铁矿。这种菱铁矿只有经过几百年的时间才会形成，尼奥斯湖底火山已经休眠了几百年，菱铁矿也足以形成。在尼奥斯湖喷发的时候，湖底强大的力量波及了菱铁矿，当红褐色的菱铁矿被翻动到湖面上，和从湖底升起的气体一起把清澈的湖水搅得浑浊不堪，我们就看到了血红的湖水。

离上一次事故爆发已经过去了几十年，但是谁也无法预料它会在何时再次醒过来。不过，2008年的3月，在喀麦隆首都雅温得，喀麦隆政府和联合国开发计划署签署了文件，打算在2010年以前把尼奥斯湖的居

民迁移，并对其进行治理。希望在科学力量的保护之下，人们不再受到上次那种突如其来的灾难的袭击。

见证死亡瞬间的锥形半岛

位于加拿大北部的北极圈内，有一个被人们称为“死亡角”的地方，那是和帕尔斯奇湖岸连着的一个锥形半岛，它就是巴罗莫角。它长为225千米，宽约6.26千米，这里有很多的动物和植物。可是，它好像不是很喜欢我们人类，因为只要有人来到这里就必然会无故失踪。早在20世纪，就有一个叫亚克逊的因纽特男孩在这里失踪了。于是，这个小岛就开始和死亡联系在了一起。

在1934年7月，一群全副武装的加拿大人企图穿过这个小岛，得到了因纽特人的支持，因为他们也想知道其中的玄妙。他们在小岛旁集合，打算一起探秘。可是这些人上岛不久，只听到几声惨烈的叫声，随后他们就消失得无影无踪了。

不断出现的恐怖事件让周围的居民惊恐万分，时刻提心吊胆地生活。没有人想要在这里停留，更没有人会靠近那座布满危险和恐惧的小岛。

但是，人的好奇心是无法抑制的，加上人天生的冒险精神，这个小岛上还是会有客人光临。1972年，美国的职

业拳击家特雷霍特、探险家诺克斯维尔和默里迪恩拉夫妇一行4人又来到了这座小岛。他们在附近安营扎寨了10余天，每天都仔细观察着岛上的变化，默里迪恩拉夫人拍摄下了大量的照片，有葱郁的森林，有活蹦乱跳的野兔，还有一些可爱的小动物。从这些照片来看，你根本没办法把它和死亡联系起来。

1972年4月14日，这一行人向死亡角迈进，拳击手特雷霍特走在最前面，诺克斯维尔紧挨着他，紧接着是默里迪恩拉夫人，他们彼此相距1.5米，逐渐向着锥形半岛腹地

醒目地出现在他们眼前，
一架白骨！”接着害怕地
想转身一看究竟，却发现
呼救，可是诺克斯维尔也
地上一样。紧接着，特雷
化，好像在不断萎缩，他
一点儿声音。更为可怕的
特的脸看上去就是一张皮
，他身体的其他部分变得

干瘪，可是他身上却没有血迹，就好像身体是被吸血鬼吸干了一样，诺克斯维尔的身体也这样发生着变化。看到这一幕的默里迪恩拉一把拽起妻子往回跑，最终，他们俩逃了出来。

这是默里迪恩拉夫人向人们讲述的，她也是唯一一个亲眼目睹了巴罗莫角死亡瞬间的人。据默里迪恩拉夫人的推测，这种死亡有可能是因为地心引力造成的，它的力量非常强大，而且它的移动是一阵一阵的，一旦发生，足够让一个人的肉体瞬间消失。美国著名的探险家组织——詹姆斯·亚森探险队于1980年去巴罗莫角探险，在这16个人当中，有地质学家、物理学家和生物学家，但是在他们对地球磁场和四周的地质结构进行探测分析之后，并没有发现任何异常的地磁场。

美国国家地球物理协会的元老级教授霍克在2009年6月带着一支有20多名科学家的考察队再次拜访巴罗莫角，也正是此次探险，终于为我们解开了谜团。他们探测了巴罗莫角的生物和地质构造，利用野兔做实验，确实看到野兔

在几分钟的时间里变成了一架白骨。

霍克教授这样向我们解释巴罗莫角“杀人”的真相。他说：“人们已经适应了从南极到北极的正常地磁场，可是，在巴罗莫角地底下含有很多可导电的金属元素，正好和北极相连，这就使得这里的地磁力在从北极流向南极的时候，一部分磁场被小岛吸走。这部分磁力对地球而言看似很小，可是对地球上的生物来

吞噬飞机的阿尔沃兰海域

你是否听说过幽灵城堡？假如我们的船经过地中海，你就一定会听说。位于地中海的阿尔沃兰海域外表看起来非常美，可是飞机在这里失事，船只在这里遇

难，于是它被赋予了一种神秘的色彩。这片海域因此充满恐怖和诡异的气氛，阿尔沃兰海域也因此成为幽灵城堡。

要想从大西洋经直布罗陀海峡进入地中海，阿尔沃兰海是必经之地，这是一个十分重要的交通枢纽。历史上，这里发生过好几次海战和军事活动。不过，这片水域里有一块“死亡三角区”，飞机和船只到了这里都不敢继续前行。

第二次世界大战以后的20年里，这里一共发生过11起空难和海难，229人丧命，而且遇难的原因都很离奇，不论是飞机还是

船只，只要经过这里，电子仪表都会失灵，不能正常工作，船只和飞机都会因无法扭转方向而葬身大海。

1964年的7月，一个岛屿的电台，在短短的30分钟内就接到两次来自同一艘船的求救信号，这艘船名为“马埃纳”号。可是，不管怎样测量都不能确切地得到它的位置所在。次日，在离海岸约一海里的地方，人们找到了数十个穿着救生衣的人，但他们都已经死去。大家都很纳闷，这些船员水性都很好，关键是他们都还穿着救生衣，按理说不应该遇难的，况且他们距离海岸只有一海里，为何还是不能生还？

这件事情在西班牙经报道后，引发了很多人的思考。

后来又发生了类似的事情。在1969年，西班牙海军驾驶的“信天翁”号飞机在经过阿尔沃兰海域上空时留下了这样一条消息，他们说他们正飞向太阳，接着就消失了。获得消息的西班牙海军在接到消息后立刻派遣了十几架飞机和4艘舰船巡逻十几天，可是除了两把椅子之外，什么也没找到。那么“信天翁”号到底去哪里了？难不成还真是去了太阳上？就在这架飞机遇难后几天，另一艘“信天

翁”号飞机也出事了，虽然机长幸存了下来，可是他却根本不知道发生过什么事情。

几年之后，又发生了一起同样的失踪事件。1975年7月，4架西班牙空军学院的训练飞机在阿尔沃兰海域集中训练。有一天，他们和平时一样进行着常规训练，天空中忽然间就出现了一道光。紧接着，这4架飞机好像是执行命令一样齐刷刷地向海里驶去。虽然这种训练机安装了自救系统，可是依然难逃厄运，他们和“马埃纳”号的船员一样命丧深海。

据相关数据显示，不仅仅是飞机和船只，哪怕是“水性娴熟”的潜

艇也难逃此劫。从1964年到1985年，共有6艘潜艇在这里失踪。而此时，全世界的潜艇遇难事件加在一起也不过11起。看到这个数据，人们顿时像炸开了锅。有人猜测潜艇失事是由于遭到了敌人的袭击。但这个论断被一位海军发言人推翻了，他觉得有这种想法的人简直是异想天开。可这些潜艇究竟去了什么地方？它们为何这样悄无声息地消失了？于是又有人提出了“史前文明”的说法，说在海底下还有另一个世界，那是一座海底城堡，城堡里的神秘人是造成这些灾难的罪魁祸首。

难道说在阿尔沃兰海域确实存在着幽灵城堡吗？人们不断地寻求真相，可是它至今仍然是个未解之谜，说不定哪天你就是那个揭开阿尔沃兰海域面纱的人。

吸血鬼的故乡
特兰西瓦尼亚

你听说过吸血鬼吗？在外国传说中，人们熟知的吸血鬼穿着黑衣服，长着长长的锋利的獠牙。白天，他们静静地躺在洞内的棺材里，到了晚上就变成蝙蝠出来吸食人血，那些被他们吸过血的人也会成为吸血鬼，不断地去吸食别人的血。他们吸食人血的本性赋予了他们阴森恐怖的形象。这是人类幻想出来的形象呢，还是世界上真的有吸血鬼存在呢？有人说，吸血鬼的故乡

在特兰西瓦尼亚，我们一起去看看吧。

确实，在特兰西瓦尼亚，一直流传着吸血鬼的故事，传说这里是吸血鬼的故乡。同时，狼人和吸血蝙蝠也在这里安家。特兰西瓦尼亚被茂密的原始森林包围着，黑熊和豺狼常常出没在那黑暗的原野上，吸血鬼族和狼族都在这里诞生，而我们听说的吸血鬼和特兰西瓦尼亚历史上的3个人有很大联系。

第一个是弗拉德·德古拉，他原身是威拉德三世。他是个非常邪恶的吸血魔王，外号“穿刺公”。传言说他曾经是一位赫赫有名的大英雄，在战争中立下了丰功伟绩。可是，有人讹传说他死了，导致他美丽的

妻子也为他殉情了。威拉德三世知道妻子已死的消息后悲痛万分，满腹仇恨让他化为吸血厉鬼，住在城堡里靠吸食人血为生，报复人类。另一个原型是来斯男爵，他风流倜傥却心狠手辣，为了寻求点金术，残忍地杀害了300多个小孩子，用他们的血液来画出路线图指引道路。

有男吸血鬼，那么会不会也有女吸血鬼呢？答案是肯定的，传说的第三个吸血鬼的原身就是巴托丽伯爵夫人。她长得非常美丽，可是心如蛇蝎一样歹毒。她为了永葆青春，常常用鲜血泡澡。这几位都是最早的吸血鬼形象，可以说以后的吸血鬼形象都是从他们衍生而来的。荧幕上，这些吸血鬼的形象堪称经典，让人畏惧。可是，却有新闻报道说有人亲见尸体从坟墓里爬出来蚕食尸体，或者是吸食活人的血，难不成世界上真有吸血鬼存在？

为了安抚受惊吓的民众，政府打开了一座公墓，并当着人们的面放火烧毁了那些早已腐烂的尸骨。另有4名学生专门来到特兰西瓦尼亚进行研究，他们坚信世界上确实存在吸血鬼，并研

究出杜绝尸体变成吸血鬼的方法，那就是在死人的嘴里放入一枚硬币再下葬，再在他们的胸前放一个十字架，这样做就可以防止死者变成吸血鬼。

吸血鬼真的存在吗？他们就在我们周围和我们一起生活吗？不过，吸血蝙蝠倒是确实存在，说不定它们就是传闻中的吸血鬼呢！

国
特郡怪圈

随风涌动，给人一
怪异的图案更带给
的“麦田怪圈”。
田怪圈，但是英国
有名。每年，在麦
就会有上百个各自
出现在这里的麦田
上的茎和叶大都向
空心的，土壤中还

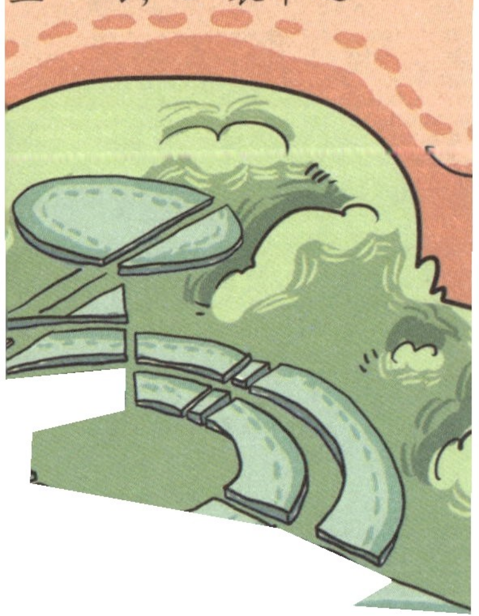

会有直径为10~50微米的磁性范围出现。威尔特郡的麦田怪圈在不断地变化着。在350年以前，这种怪圈相对比较简单，而如今已经有三维效果的感觉了。假如从空中往下看，这些怪圈就如同一件件了不起的艺术品出现在巨大的画布上一样壮观。况且这种怪圈在一夜之间形成，精确完美的构图和难以捕捉的速度让人咂舌，保证不是人为的。可如果不是人为的，那又是谁的杰作呢？

史蒂夫·亚历山大是研究麦田怪圈的专家，

他认为麦田怪圈现象时至今日都难以解释，并不能确定是人为的还是外星人创造的。不过，出现麦田怪圈之后，农场的收成迅速减少。因此，农场主认为这是人为的，或许他们这样解释能够得到一部分经济赔偿。可实际上，这种解释很难让人信服。在已有的研究中，“艺术家作假的人为怪圈”这种说法已经被否定了。可是，即使很多研究者对这种现象很感兴趣，但研究的成果和进展却不大，更多的人认为这是外星生物的杰作。难不成这一切还真是外星人干的？他们是想留下什么信息吗？还是说麦田怪圈现象是一种神秘的自然力量，只是我们还不了解？

最早记载的麦田怪圈现象出现在17世纪。那时候，人们用木刻画来记录它，画中是这样记录的：天黑之后，一个魔鬼手拿巨大的镰刀到麦田里割麦子，第二天早晨，人们看到了形状各异的麦田怪圈。虽然画中记

可它却证明了怪圈
兰州的一个人说他
飞行器，出现在离
就是出现怪圈的地
的，或许他们在向
或许是预示着某种

闻名世界的史前遗
很缺乏的史前，要
几乎是不可能的。
觉得麦田怪圈和巨

石阵一定存在着某种关系，至少它们在向人类暗示着什么。卡兰研究麦田怪圈15年了，他解释说三维麦田怪圈代表着人类能够从这里脱离尘世，走向神圣的世界。

岁月变迁，可是麦田怪圈现象还依然是个谜，没人能解释。不过，除了麦田怪圈，还有很多神秘的现象是我们无法解答的，这也是人们总喜欢把这些神秘的现象和外星人联系在一起的原因。难道外星球上真的存在智慧生物？这或许要到若干年之后才能解答。

快跑啊！神农架有野人！

有一种和人类相似的动物生活在茂密的原始森林里，和我们一样，它们也是高级的灵长类动物。不过它

们虽然和人类很像，但是生活方式和习惯却和动物一样，有人把它们称为野人。关于野人的说法大概有2500年的历史了，人类已经发现了它们留下的粪便和体毛，也找到过它们留下的脚印。可是见过野人的人寥寥无几。在我国湖北的神农架就一直有关于野人出没的传言。

神农架地处我国湖北省的西部，那里最高海拔有3000多米高。从1977年到1981年，相关部门曾经组织了三次规模比较大的科学考察，并获取了奇异的毛发、脚印、粪便和睡窝等间接材料，但没有找到更有力的直接证据

证明野人的存在。不过神农架确实比较神秘莫测，这是不争的事实。

传说在上古时代，神农架是神农尝百草的地方，四面是陡峭的悬崖，深不见底，而且常常会有茫茫大雾将山林吞没，充满了神秘和诡异的气息。相传这些云雾就像是神仙在腾云驾雾，在很短的时间里它会变幻很多不一样的景象，上一秒钟还有很多云，下一秒钟就白雾茫茫，马上又阳光明媚，转瞬又烟雨蒙蒙。在那令人不寒而栗的陡崖上还有很多古老的道路，崖壁上还有很多悬棺，听说那是古代巴人的棺椁。更为蹊跷的是，神农架的先民住在洞穴里，关于他们的来历和他们在神农架定居的方式是个谜。如今他们又到什么地方去了，也是个不为人知的秘密。

神农架里有丰富的生物物种，有珍稀植物2000多种，珍稀动物500多种，到处都是珍禽异兽，它们在这里繁衍生息，快乐地生活。奇怪的是，在这里生活的动物大部分都是白颜色的，比如说白蛇、白喜雀、白猴、白獐、白鹿，连乌鸦都是白色的，更有白色的癞蛤蟆，真是够神

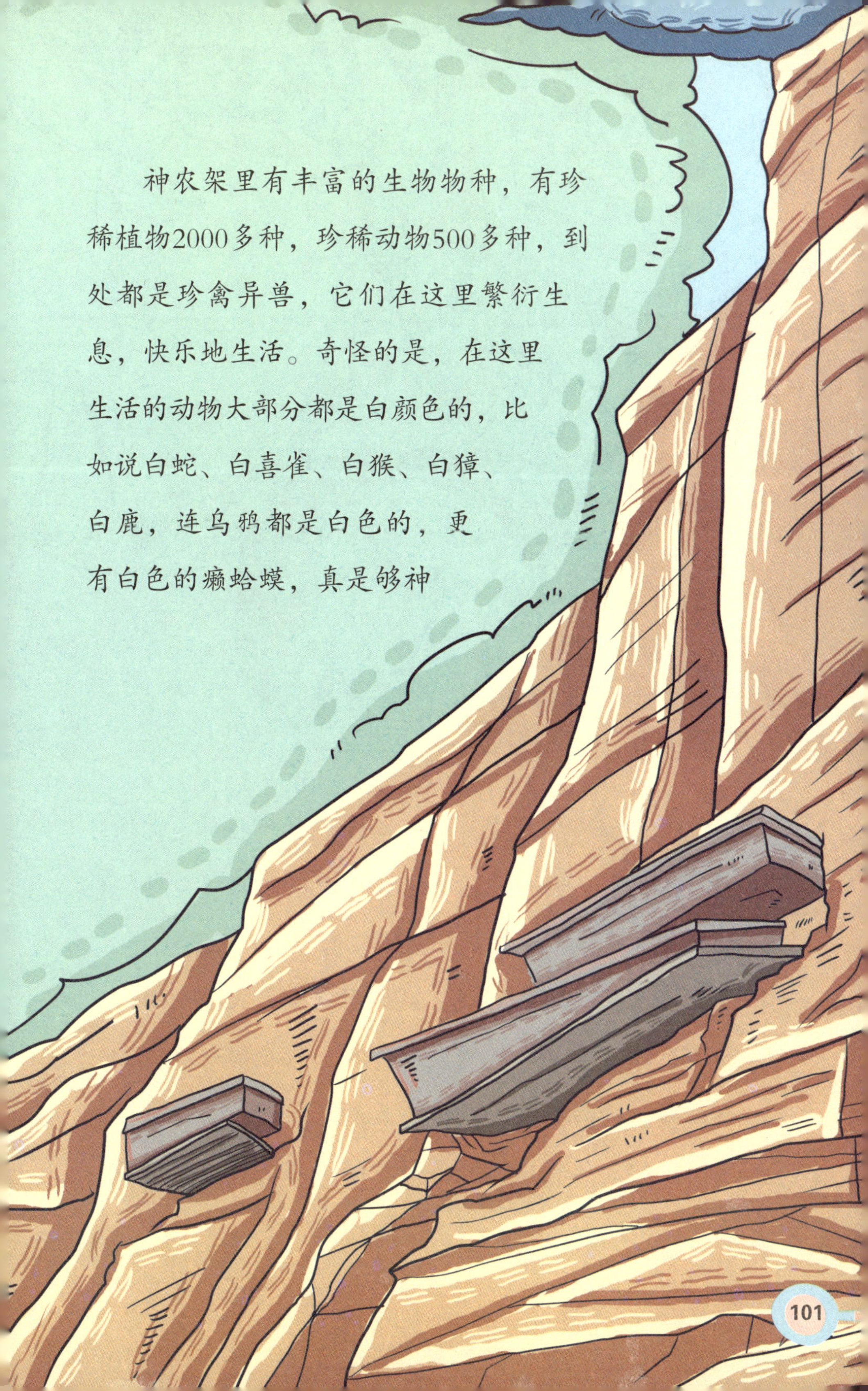

奇的。古往今来，没有任何地方像这里一样，有这么多白色的物种。这样说来，在这样神奇的地方出现野人也不是不可能！

据春秋战国的史书记载，周成王曾经捕到的狒狒和今天的野人是一样的。大诗人屈原在诗中塑造了一个山鬼，那简直就是我们今天所说的野人。在我国的民间文学和传说中，关于野人的说法还有着很多不同的版本。最为普遍的是秦始皇时期，那些从修长城工地上逃跑出来的百姓变成了野人。也有人认为世界上根本不存在野人，传说中的野人不过是猴子之类的动物罢了。

我国科学院自1977年开始就对神农架进行研究，希望在不久之后就能够揭开野人的真实面目。

山，认为那是一座被
，狂风暴雨和大风雪
显得神秘的原因。
长白山天池的气候变
即使风力只有5级，
。可是它风平浪静的
镜的湖面好像一个天
两重天的变化联系在
池最神奇的地方还是
当你在湖边注视着湖
有一种毛骨悚然的感

觉，因为你能感觉到湖底有东西在看着你，为何会有这样的感觉？难道湖中有水怪不成？

多年以来，在长白山都流传着水怪的传言。那么传说中的水怪是什么样呢？有人说它是个很诡异的幽灵，很神秘。它长相很恐怖，体积巨大，自由自在地

生活在天池里。人们对它十分感兴趣，有不少人曾在天池边上看到它，只见它浑身漆黑，虎背熊腰，吓到了很多游客，可是说不定游客也吓到它了。因为人们看见它时，它正躲在一块大石头后面。它好奇地看着人类，观察了一阵之后惊叫一声就跳进天池里去了，瞬间就无迹可寻。

长白山水怪的传闻很快就传开了，人们像炸开了锅一样议论纷纷，科学家们都到这里来一探究竟，想要

了解水怪的真相。就在人们想要揭开真相时，一股白色的巨型水柱发怒似的冲出水面，转眼间又消失得无影无踪。那就是传说中的水怪吗？它是怎样的一种动物？是鱼类吗？还是如同鲸鱼一样，是哺乳动物？它为何会在天池中生活？它从何处而来？

有人解释说水怪不是鱼类，因为天池海拔很高，而且水温很低，一年12个月有8个月都是被厚厚的寒冰覆盖。即使是艳阳高照的正午时分，水温也只有11℃，鱼类要在这里生活是不可能的。况且天池位于长白山最高的地方，草木在这里都不能好好生长，更不用说水中的有机物和浮游生物了。在这样一个没有食物的环境中，鱼类也是不能存活的。但是有人却在天池里找到了一种名为“虹鳟鱼”的冷水鱼，这种鱼肉质鲜美，香甜可口，有人说这是朝鲜人放养在这里的。

毫无疑问，虹鳟鱼的长相和水怪天差地别，所以它并不是水怪。有数据显示，1962年到1980年间，有20多个人先后看到了水怪。人们说，水怪长约3米多，头很大，大概比水牛的头还大，嘴巴很尖，脖子很长。不过，即便有人称看见了水怪，可依然很少有人相信这是真的。

不相信水怪存在的人也有自己的看法。他们认为，天池是火山口积水形成的，300多年前的那次爆发是它最后一次发作。假如真有这样一个巨型生物存在，那它吃什么？如果是吃那些渺小的微生物，是绝对不会活这么久、长这么大的。也有人认为，在天池有很多黑色的礁石，它们会被风吹得四处移动，而天池的风本来就很大，更是营造出了一种诡异氛围。当那些礁石若隐若现地移动时，人会产生错觉，晃眼看过去，你会觉得那是一个很大的怪物在游泳。

可是，那些坚信水怪真实存在的人就是要证明他们的观点。他们不惜辛苦地四处搜集证据，

怪实际上就是一种很常见的动物——水獭，可是它的外形和人们口中描述的水怪也不能吻合。天池里的水怪啊，你是否真的存在呢？如果存在，你就出来让我们一睹你的真面目吧！

天池

长白山以前是一座火山，早在16世纪它就爆发过3次，在很多熔岩喷出之后这座火山就宁静下来了，火山口的位置塌陷了，积起了很多雨水和雪水之后，形成了一个类似脸盆的湖。这个湖比海平面高出2150米，因此也被人称为“天池”。这里有一个美丽的传说，说这个湖是太白金星留下的一块宝镜，而且这里还充满了灵气，似有神仙一样。

神秘未知的喀纳斯湖

天池里出现了水怪，在喀纳斯湖中也有湖怪出没，总有那么多我们不知道的奇怪东西。因为大自然太大太神奇，而我们还不太了解它。在了解了水怪之后，我们再来看看湖怪吧，它就生长在喀纳斯湖区。

喀纳斯湖很奇特，它的湖水会变颜色，会有“佛光”从湖面升起，还有千米枯木长堤，加上湖怪的出现，更是给喀纳斯湖笼罩上了一层神秘的面纱。它就像是一个充满魔力的盒子一样，向人们诉说着它的神秘。

喀纳斯湖的水会变颜色。

喀纳斯湖的湖水来自于阿尔泰山融化的雪水，湖面很宽广，周围郁郁葱葱的绿荫倒映在水中，让湖水显得更加清澈，而湖水的颜色一年四季都不一样。初春，天气转暖，阿尔泰山上的冰雪融化，略带青灰色的清流流到喀纳斯湖，在阳光下泛着一股淡淡的幽暗的光亮，有些蓝光，又有点嫩绿色，非常漂亮，就像懒羊羊最爱吃的青草蛋糕；夏季的喀纳斯湖又是另一番光景，这时候的湖面一半是水，一半是冰，在阳光下，冰块泛着淡淡的乳白色光圈，就像一杯可口的奶茶；秋季，当四周的树木披上了秋装，喀纳斯湖却显得格外的欢乐，湖水泛着蓝光，还有点墨绿色，就像一幅典雅的油画，在光晕的映衬下显得格外动人；冬季，热闹的喀纳斯湖顿时安静下来了，这时候，它是一块巨大的水晶，它在阳光的照射下，从不同的角度看去都显得光彩夺目。四季不同的颜色变换让喀纳斯湖显得多情而典雅，吸引着人们。

会变色的湖水已经让你惊讶不已了吧？最神奇的还在后面呢，大家还记得《西游记》里面神仙头上闪耀着的彩虹一样的光圈吧？在喀纳斯湖的水面上也会出现这样的神奇现象。雨过天晴时，当阳光透过喀纳斯湖上厚

厚的云彩照在大地上，喀纳斯湖的湖面上就会有一个很大的光圈出现，也就是彩虹。和我们看见的彩虹不一样，喀纳斯湖上的彩虹有一半露出水面，另一半则隐于湖面之下，就如同神仙头上的光圈那样神圣庄严，有人把它称作“佛光”。但是这道“佛光”出现的时间很短暂，最长的一次停留了十几分钟，后来就消失了，或许是某位大仙路过这里，在这里歇歇脚，顺便欣赏一下这里的美景吧。

我想，你一定也会被这种美景所吸引吧！在喀纳斯湖的北段有很多枯木堆积在一起，这些枯木漂浮在水面

上，远远看去就好像是一条千米长的堤坝。据说这些枯木是从上游漂下来的，漂到这里之后就被卡住了，不管有多么猛的洪流，它们就在那里一动不动，不再漂走。这些枯木是从哪里来的呢？在这些枯木的下面，经常会有动物尸体，这又是为什么？

要说神秘，最神秘的要数喀纳斯湖的湖怪。2005年6月7日，有一艘游船在喀纳斯湖上行驶着，突然，在距游船将近200米的地方涌起了波浪，一个浪花打过去有20多米远，接着湖面稍稍平静下来了。大家定睛一看，只见有一个很大的身影向湖心游去。接着，这一个身影变成了两个，它们一前一后地在水下游动，刹那间浪花又翻腾起

来，两个身影就在此时又消失得无影无踪。可喜的是当时有位游客用相机把这整个过程都拍摄下来了，这也成为人类目前对喀纳斯湖湖怪的唯一记录。

在当地图瓦人中有这样一种说法：湖怪很吓人，它不仅可以吞云吐雾，还时常到附近的村子作乱，危害牲畜。后来，又有人拍到了湖怪的照片，于是湖怪被传得人尽皆知，人人害怕。难道湖怪真实存在吗？也有专家经过考察后推断，人们看到的这种湖怪其实是一种叫作“哲罗鲑”的大红鱼。这种鱼喜欢成群结队地活动，它们体型很大，每条鱼的重量为38千克左右，这种鱼比较长寿，而且喜欢在冷水中生活。它们成群结队地出没于湖区，行踪很诡秘，不容易被捉到。这种大红鱼以肉食

为主，生性凶猛。有人曾经在一条6千克重的大红鱼肚子里发现两只野鸭，这些特点和人们普遍描述的现象很符合，因此有很多人赞成这种说法。

不过，将喀纳斯湖的湖怪认定为哲罗鲑大鱼

喀纳斯湖

喀纳斯湖位于新疆境内的阿勒泰地区，它是布尔津县北部一个著名的淡水湖，在阿尔泰山脉中。远远看去，它就是个很大的月牙，有人说它是古冰川在激烈运动的时候受到了山谷的阻挡而形成的。

后，仍有一些疑问难以解释。如果我们去喀纳斯湖旅游，除了游览湖光山色，看会变颜色的湖水，看圣洁的“佛光”，也可以去看看湖怪到底是不是哲罗鲑大红鱼。